马铃薯主食加工系列丛书

不可不知的马铃薯

发酵面制主食

丛书主编　戴小枫

主　　编　木泰华

中国农业出版社

丛书编写委员会

主　　任：戴小枫

委　　员（按照姓名笔画排序）：

王万兴　　木泰华　　尹红力　　毕红霞　　刘兴丽

孙红男　　李月明　　李鹏高　　何海龙　　张　泓

张　荣　　张　雪　　张　辉　　胡宏海　　徐　芬

徐兴阳　　黄艳杰　　谌　珍　　熊兴耀　　戴小枫

本书编写人员

（按照姓名笔画排序）

木泰华　　刘兴丽　　孙红男

何海龙　　戴小枫

目　录

一、什么是主食？

《主食加工配送中心建设规范》一书中，将主食定义为：广大普通消费者生活必需的基本食品。以营养、卫生、安全、便利、经济为特点，包括各类面食、米食及以各类食用动、植物原料为主料的食用产成品、半成品。

主食是组成当地居民主要能量来源的食物，对我们中国人来说即是谷类作物。例如大米、白面、玉米及其制品，有的地方薯类也是主食的一部分。与蛋白和脂肪不同，身体中的碳水化合物储备非常有限，如运动时人体得不到充足的碳水化合物供应，将导致肌肉出现疲乏而无动力。不仅如此，如果膳食中长期缺乏主食还会导致血糖含量降低，产生头晕、心悸、脑功能障碍等问题，严重者会导致低血糖昏迷。

二、什么是馒头类发酵面制主食？

《小麦粉馒头》一书中将小麦粉馒头定义为：以小麦粉和水为原料，以酵母菌为主要发酵剂蒸制成的产品。广义的馒头类食品应包含蒸馍、包子、花卷、烙饼等发酵面制食品。从营养学角度看，馒头类食品在谷类食物中占有突出地位。

笔者在百度百科中输入"馒头"，发现根据风味、口感不同馒头可分为以下几种：①北方硬面馒头是中国北方的一些地区，如山东、山西、河北等地百姓喜爱的日常主食。依形状不同又有刀切形馒头、机制圆馒头、手揉长形杠子馒头、挺立饱满的高桩馒头等。②软性北方馒头在中国中原地带，如河南、陕西、安徽、江苏等地百姓以此类馒头为日常主食。其形状有手工制作的圆馒头、方馒头和机制圆馒头等。③南方软面馒头是中国南方人习惯的馒头类型。多数南方人以大米为日常主食，而以馒头和面条为辅助主食。南方软面馒头颜色较北方馒头白，而且大多带有添加的风味，如甜味、奶味、肉味等，有手揉圆馒头、刀切方馒头、体积非常小的麻将形馒头等品种。

三、马铃薯馒头类发酵面制主食的营养价值如何?

马铃薯馒头类发酵面制主食不仅含有碳水化合物、蛋白质和脂肪等提供能量的成分,还含有一些营养与功能成分如膳食纤维、维生素、多酚类化合物、矿物元素等,这些成分已被发现可以在预防和治疗糖尿病、癌症及心血管疾病等方面发挥重要作用。

1. 蛋白

马铃薯粉平均蛋白含量为 9.40%,略低于小麦粉,但其中的赖氨酸含量明显高于小麦、玉米、大米等谷类物质,可以弥补由于人们长期摄入谷类物质引起的赖氨酸缺乏的不足。此外,马铃薯蛋白的必需氨基酸含量与鸡蛋蛋白相当,明显高于 FAO/WHO 的标准蛋白,且其可消化成分高,极易被人体吸收。

2. 膳食纤维

马铃薯粉膳食纤维含量为 6.28%，接近小麦粉的 4 倍。众所周知，膳食纤维在保持消化和胃肠道系统的健康上扮演着重要角色。它可以清洁消化道壁、增强消化功能、吸附和加速食物中致癌物质和有毒物质的排泄、保护脆弱的消化道、预防结肠癌，还可以减缓食物消化速度、吸附胆汁酸、脂肪和促进胆固醇排泄，使血糖、血脂和血胆固醇控制在理想的水平，因此可以在预防高血糖、高血脂等多种疾病方面发挥重要作用。

3. 淀粉

马铃薯粉的平均淀粉含量为 64.15%，略高于小麦粉（60.96%），但与玉米、小麦、大米相比，马铃薯淀粉中的抗性淀粉含量最高（13.4%），较其他淀粉难降解，在体内消化缓慢，吸收和进入血液都较缓慢，可以降低血糖指数。其性质类似溶解性纤维，对瘦身和降血糖有一定的效果。

4. 维生素

马铃薯粉富含维生素 C、维生素 B_1、维生素 B_2、维生素 B_3 和维生素 B_6，其中维生素 C 具有抗氧化、增强免疫力、促进胶原蛋白合成、解毒等作用，而且可以减少烟、酒、药物及环境污染对身体的损害；维生素 B_1 和维生素 B_3 可以调整胃肠道的功能，促进消化系统的健康；维生素 B_2 能预防贫血，促进生长发育，保护眼睛、皮肤的健康，抑制口腔溃疡；维生素 B_6 则有助于多种神经递质的产生和分泌，调节神经系统功能和代谢。这意味着吃马铃薯有助于预防抑郁、情绪紧张，减轻注意缺陷障碍（多动症）等神经性精神疾病，对维持神经系统健康非常重要。总之，食用马铃薯可以提高维生素的摄入量，促进人体营养的平衡。

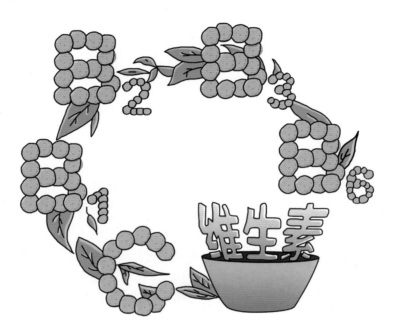

5. 矿物元素

马铃薯粉中钾、镁、磷、钙、钠、锰、铁、锌、硒等矿物元素含量非常丰富。其中，钾对于维持细胞内正常的渗透压、维持神经肌肉和心肌的正常功能及碳水化合物和蛋白质的正常代谢均起着重要作用，可以预防肌肉无力、心律失常、横纹肌裂解、肾功能障碍、中风及高血压等；钙、磷是构成骨骼和牙齿的重要成分，可以促进骨骼生长，预防骨质疏松；镁对维护骨骼生长和神经肌肉的兴奋性、维护胃肠道和激素的功能、保持体内各种酶的活性都非常重要；铁和硒是人体的必需微量元素，铁是组成血红蛋白、肌红蛋白和呼吸酶的重要组成成分，而硒对氧化、癌症及心脑血管疾病方面都具有一定的预防作用。

平均值（毫克/千克）	K	Mg	P	Ca	Na	Fe
马铃薯粉	5 392.77	941.1	602.80	167.87	36.06	20.01
小麦粉	1 730.40	206.4	361.2	201.20	20.20	11.40
平均值（毫克/千克）	Mn	Cu	Zn	Se*	As	Pb
马铃薯粉	3.97	1.61	3.67	7.49	0.03	0.06
小麦粉	4.30	0.12	2.00	5.98	未检出	0.30

＊：单位为微克/100 克。

6. 多酚

食物中的多酚类物质具有较强的抗氧化作用。马铃薯粉中多酚类物质含量范围为每 100 克中含量 7.13～30.64 毫克，远远高于小麦粉；抗氧化活性接近小麦粉的两倍。美国学者发现：美国人饮食中 25% 的植物多酚类物质来自于马铃薯，其中包括类黄酮（槲皮素和山奈酚）、酚酸（绿原酸和咖啡酸）等。马铃薯粉中含量最丰富的酚酸是绿原酸

（1.0～2.2 毫克/克）和咖啡酸（19～62 微克/克），其次是香豆酸、阿魏酸和没食子酸。多酚类物质分子中存在多个酚羟基，是良好的氢供体，具有较高的抗氧化活性。此外，研究表明植物多酚还具有抑制癌症、预防心血管疾病、延缓衰老等多种生理功能。

7. 生物碱

生物碱是存在于生物体内的次级代谢产物，多数具有复杂的含氮杂环，具有光学活性和显著的生理学效应。糖苷生物碱是马铃薯块茎在发芽过程中产生的天然毒素，它对病原体、昆虫、寄生虫和食肉动物具有

天然的防御作用，主要分布在马铃薯的外层皮中，一般在发芽的地方水平最高；但是其本身具有毒性，样品致死浓度＞330 毫克/千克。在烹饪之前削掉马铃薯皮和剜去马铃薯芽就可以去除几乎所有的糖苷生物碱。近年来的研究发现，马铃薯中的糖苷生物碱除了是一种天然毒素和抗营养物质之外，还具有多种其他生物活性，如果当作药用，则可能具有抗肿瘤、抗疟疾、抗病原微生物、降低血浆低密度脂蛋白胆固醇等功效。打碗花精是马铃薯中发现的另一种生物碱。研究发现，摄入马铃薯等富含打碗花精的蔬菜可能有助于预防摄入富含碳水化合物的饮食后导致的血糖急剧升高，有利于糖尿病病情的控制，也有助于预防能量摄入过多导致的肥胖及相关疾病。

四、为什么要将马铃薯做成馒头类发酵面制主食?

1. 馒头是我国居民的传统主食

馒头是一种带有独特文化特征的发酵面质主食,是我国东北、华北地区及黄河流域人民的传统主食,至今已有 1700 年的悠久历史,在我国膳食结构中占有十分重要的地位。据统计,我国北方用于制作馒头的小麦粉占小麦粉总用量的 70%。亚洲

地区的居民饮食在经历了一度追逐西式饮食的热潮后又理性回归到了东方饮食方式。馒头的熟化温度及水分不会发生美拉德反应,所以不含有大部分油炸、焙烤食品中都含有的丙烯酰胺,同时属于低油低钠食品。这使得人们开始意识到采用汽蒸方法熟化的中国馒头是一种更为安全、健康的食品,更加有益于健康和安全。

2. 未来馒头的发展应满足对营养的追求

随着国内物质生活水平的提高,人们对馒头的要求已从最初的满足温饱,有良好的口感、风味、有令人满意的外观等上升到对全面营养品质的追求。传统的馒头往往是由小麦粉制作而成,缺乏赖氨酸、膳食纤维、维生素、矿物元素等营养元素,无法满足人们对产品高营养的需求,因此需要添加其他原料增加馒头的营养。马铃薯在我国已有 400 多年的历史,种植面积达 8000 多万亩*,年产量超过 0.9 亿吨(FAO,2016),种植面积和产量均居世界首位。马铃薯富含人体必需的碳水化

---

* 亩为非法定计量单位,1 亩≈667 米^2。——编者注

合物、蛋白质、维生素、膳食纤维等七大类营养物质，是全球公认的全营养食物之一。因此，由马铃薯替代一部分或全部精米白面是未来馒头发展的必然趋势。

马铃薯营养成分表（10 个品种的平均值，干重）

项目	每 100 克马铃薯
淀粉（克）	68.77 ± 2.88
灰分（克）	3.25 ± 0.74
蛋白（克）	7.66 ± 1.70
膳食纤维（克）	6.82 ± 0.97
不溶性膳食纤维（克）	4.04 ± 0.82
可溶性膳食纤维（克）	2.78 ± 0.30
维生素 B_1（毫克）	0.36 ± 0.12
维生素 B_2（毫克）	0.35 ± 0.13
维生素 B_3（毫克）	4.36 ± 0.42
维生素 C（毫克）	90.37 ± 49.44
钠（毫克）	3.11 ± 1.56
镁（毫克）	96.27 ± 6.50
钾（毫克）	1866.54 ± 265.65
磷（毫克）	60.28 ± 0.43
钙（毫克）	40.82 ± 11.77
铁（微克）	1765.37 ± 510.03
铜（微克）	233.83 ± 114.29
锌（微克）	458.17 ± 169.91
硒（微克）	3.87 ± 1.30

3. 国外马铃薯产品种类丰富

在欧美等发达国家，马铃薯是日常生活中不可缺少的食物之一，且多以主食形式消费，颇得消费者的青睐。比如在美国，马铃薯制品的加工量约占总产量的 73%，马铃薯产品多达 70 余种，在超级市场马铃薯食品随处可见，产品形式主要有冷冻薯块、冷冻薯条、马铃薯泥及脱水马铃薯等，这些食品往往作为欧美国家居民的部分主食产品，因此产量和消费量都很大。

国外马铃薯产品

4. 我国马铃薯加工比例较小

现阶段我国马铃薯消费多以鲜食为主，人均年消费量较低，约为欧美等发达国家马铃薯人均年消费量的 1/3（FAO，2013）。我国薯类加工制品主要包括薯泥、薯条、薯片、各类膨化食品等，然而这些产品仅作为休闲食品在市场上流通且产量很小，以马铃薯为主要原料的加工制品仅占马铃薯总产量的 9.4%，且最主要的产品形式为淀粉、全粉等，产品单一、营养价值低，极大限制了马铃薯的消费量。

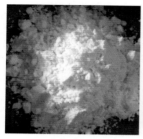  

马铃薯淀粉　　　　　　马铃薯全粉　　　　　　马铃薯片

5. 开发马铃薯馒头等主食产品的必然性

我国南北方地区辽阔，人口众多，经过几千年来长期的实践与认知，我国人民喜闻乐见的标志性主食主要有米饭、馒头、面条和米粉等。因此，要想发展马铃薯主食化产业，增加马铃薯在我国居民日常消费中的比例，就必需结合并尊重我国人民传统的饮食文化和消费习惯，开发新型的、适合大众消费的主食类马铃薯加工产品，如馒头类发酵面制主食产品。

马铃薯主食化是优化农业生产结构，树立大食物观的重要举措；马铃薯主食化是推进农业供给侧结构性改革，保障国家粮食安全的重大战略；马铃薯主食化是改善膳食营养结构，提高全民健康素质的有益探索。

五、如何制作马铃薯馒头类发酵面制主食？

马铃薯馒头类发酵面制主食包括馒头、花卷、包子、发糕等，下面就对这几种主食的家庭制作方法进行一一介绍。

1. 马铃薯馒头

普通马铃薯馒头

原料：小麦粉 400 克，马铃薯粉 100 克，干酵母 2.5 克，糖 0～2.5 克，水 260～300 克。

做法：

（1）将小麦粉、马铃薯粉、糖混合均匀。

（2）将酵母在水中搅拌均匀，然后将酵母混合液倒入步骤（1）所得的混合粉中，和成面团。

（3）面团放入带盖儿的锅中，室温下发酵 40～90 分钟。

（4）将发酵完毕的面团分割成每个 50～100 克的剂子，揉搓成型。

（5）将揉搓成型的馒头坯放入蒸锅中，室温下醒发 10～30 分钟，然后大火蒸制 20～45 分钟即可。

马铃薯饸面馒头（用酵母发酵）

原料：小麦粉 400 克，马铃薯粉 100 克，干酵母 5 克，食用碱面 6 克左右，温水 170 克左右

做法：

（1）将小麦粉和马铃薯粉混合均匀。

（2）将酵母放入盆内，加温水溶化，倒入一半步骤（1）中得到的混合粉和成面团，室温下发酵 40～90 分钟。

（3）待面团发起、有蜂窝状时，加入碱面和剩下的一半混合粉，反复揉匀。

（4）将揉好的面团放在案板上，搓成圆条，再揪成 5～10 个面剂子，用手掌揉搓光滑，做成馒头坯，稍置 10 分钟左右。

（5）将蒸锅上火烧开，笼屉上铺层湿纱布，把馒头坯逐个码到屉上，用旺火蒸 20～45 分钟即熟。

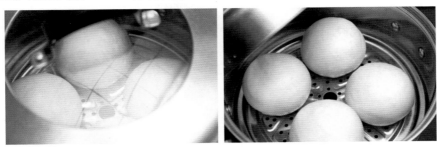

马铃薯馇面馒头（用面肥发酵）

原料：小麦粉 400 克，马铃薯粉 100 克，面肥 50 克，食用碱面 6

克左右（就酵面老嫩而定），温水 170 克

做法：

（1）将小麦粉和马铃薯粉混合均匀。

（2）将面肥放入盆内，加温水溶化，倒入一半步骤（1）中得到的混合粉和成面团，室温下发酵 40～90 分钟。

（3）待面团发起、有蜂窝状时，加入碱面和剩下的一半混合粉，反复揉匀。

（4）将揉好的面团放在案板上，搓成圆条，在揪成 5～10 个面剂子，用手掌揉搓光滑，做成馒头坯，稍置 10 分钟左右。

（5）将蒸锅上火烧开，笼屉上铺层湿纱布，把馒头坯逐个码入屉上，用旺火蒸 20～45 分钟即熟。

2. 马铃薯花卷

原料：小麦粉 400 克，马铃薯粉 100 克，干酵母 3 克，色拉油 1.5 汤匙，食盐 0.5 汤匙，葱花 50 克，水 260～300 克

做法：

（1）将小麦粉和马铃薯粉放入盆中混合均匀。

（2）将酵母在水中搅拌均匀，然后将酵母混合液倒入步骤（1）所得的混合粉中，和成面团。

（3）将和好的面团放入带盖儿的锅中，室温下发酵 40～90 分钟。

（4）用擀面杖将步骤（3）中所得面团擀成 0.3～1.0 厘米薄片。

（5）在擀好的薄片上撒上少许盐，并且用手摊均匀，再在面上加适量的色拉油，左右来回地折叠面，从而让色拉油和盐摊得更均匀。

（6）再撒上一些葱花、蒜花或其他青菜，只要你喜欢吃的都可以加些，一般用葱花。

（7）将面皮卷成筒，每隔3～8厘米切一刀，将切成的小条拧成花卷，放入蒸锅中，室温下醒发 10～30 分钟，然后大火蒸制 20～45 分钟即可。

3. 马铃薯包子

原料：小麦粉 400 克，马铃薯粉 100 克，干酵母 3 克，包子馅适量，水 260～300 克

做法：

（1）将小麦粉和马铃薯粉放入盆中混合均匀。

（2）将酵母在水中搅拌均匀，然后将酵母混合液倒入步骤（1）所得的混合粉中，和成面团。

（3）将面团放入带盖儿的锅中，室温下发酵 40～90 分钟。

（4）将发好的面团分成均匀的小面团。

（5）将小面团按扁，然后用擀面杖擀圆，擀的时候注意边缘薄，中间厚。

（6）将擀好的皮平铺在左手上，放上准备好的包子馅，包成包子。

（7）将包好的包子放入蒸锅中，室温下醒发 10～30 分钟，然后大火蒸制 20～45 分钟即可。

4. 马铃薯发糕

原料：小麦粉 400 克，马铃薯粉 100 克，干酵母 3 克，糖 20 克，小苏打 1/4 汤匙，葡萄干或红枣适量，水 360～450 克

做法：

（1）将小麦粉、马铃薯粉和糖放入盆中混合均匀。

（2）将酵母在水中搅拌均匀，然后将酵母混合液倒入步骤（1）所得的混合粉中，和成具有流动性的面糊。

（3）将面糊放入带盖儿的锅中，室温下发酵 40～90 分钟。

（4）向发好的面糊中加入小苏打，搅拌均匀后倒入铺好油纸的模具中。

（5）将面糊放入带盖儿的锅中，室温下二次发酵 60 分钟。

（6）在发好的面糊表面均匀地撒上葡萄干或红枣，开水上屉，大火 30～45 分钟即可。

六、马铃薯馒头类发酵面制主食有何特色？

马铃薯馒头类发酵面制主食具有马铃薯特有的风味，同时保留了小麦原有的麦香风味，芳香浓郁、口感松软。同时，马铃薯馒头类发酵面制主食营养结构得到改善，男女老少皆宜，是一种新型全营养保健型主食产品。在不断追求膳食多元和营养健康的今天，马铃薯馒头类发酵面制主食必将为我国居民优化膳食结构、增强体质和健康、弘扬中华传统饮食文化发挥独特的作用。

图书在版编目（CIP）数据

不可不知的马铃薯发酵面制主食／木泰华主编 . —
北京：中国农业出版社，2016.6
（马铃薯主食加工系列丛书／戴小枫主编）
ISBN 978 - 7 - 109 - 21646 - 4

Ⅰ.①不…　Ⅱ.①木…　Ⅲ.①马铃薯-发酵-面食-
制作　Ⅳ.①TS972.116

中国版本图书馆 CIP 数据核字（2016）第 097419 号

中国农业出版社出版
（北京市朝阳区麦子店街 18 号楼）
（邮政编码 100125）
责任编辑　张丽四

三河市君旺印务有限公司印刷　新华书店北京发行所发行
2016 年 6 月第 1 版　2016 年 6 月河北第 1 次印刷

开本：880mm×1230mm　1/32　印张：1
字数：20 千字
定价：8.00 元
（凡本版图书出现印刷、装订错误，请向出版社发行部调换）